KONGLONG DA SOUSUO

墨墨 著/绘

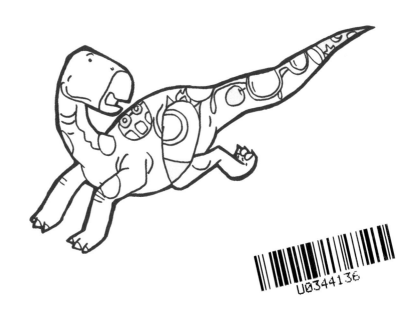

吉林美术出版社 | 全国百佳图书出版单位

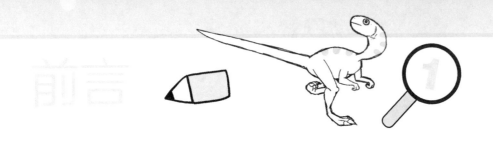

你一定认为恐龙离我们很远很远，当然不，它就在我们眼前。这本书可以带着我们一起穿越到恐龙时代，认识各种各样的恐龙，认识翼龙、沧龙等其他史前动物。

恐龙看上去都很凶猛吗？

恐龙大多数都长得非常非常大，虽然有些恐龙凶猛异常，但我们可以把它们画得萌萌的。这本书里的恐龙图画，打破了以往恐龙的写实画法，加入卡通元素，既体现了恐龙自身的特征，又让这些庞然大物变得十分可爱，变成了我们的"大朋友"。

恐龙都长得一个样吗？

当然不是了。书中的每一幅大图都以恐龙为主体，突出展示这个"大朋友"，线条简单，轮廓分明，又不失细节处的真实感，配合简单易懂的文字讲解，突出每一只恐龙的特征，让它们各自具有独特的辨识度。每幅图下的"你知道吗？"又"八卦"了这些"大朋友"的小秘密。哈哈，这下你就不会把它们搞混了。

恐龙书都在讲百科知识吗？

要想了解恐龙，缺少恐龙百科知识怎么行？但如果在讲解恐龙的同时，又能让我们乐在其中，那岂不是更好玩？这本书的每一幅画里都藏着30个左右可爱的小东西，它们和"大朋友"融为一体，藏得很深呢，能不能找到它们，就看你有没有"火眼金睛"了。

快打开书，让我们一起来认识恐龙、了解恐龙，和恐龙一起玩游戏吧！

 游戏派对

part1: 找一找

睁大眼睛，
它们可是藏
得很隐秘哟。

剑龙

时期:	侏罗纪晚期
体重:	2～4吨
体长:	7～9米
食性:	植食

剑龙是侏罗纪晚期生活在北美洲的四足恐龙，它身形巨大，却不爱吃肉。剑龙最有代表性的特征是后背上长满了像剑一样的骨质板，尾巴的尖端还长着长刺。

它在哪?

🔍 火眼金睛

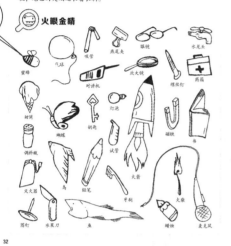

32

剑龙的骨质板不仅用于防卫，还用于炫耀自己的美丽。骨质板里布满了血管，血管可以使骨质板在颜色上发生变化，而且剑龙的年龄越大，骨质板越华丽动人。

33

part2: 涂一涂

剑龙的骨质板不仅用于防卫，还用于炫耀自己的美丽。骨质板里布满了血管，血管可以使骨质板在颜色上发生变化，而且剑龙的年龄越大，骨质板越华丽动人。

33

part3: 画一画

　　萌萌的卡通图，我们也可以拿来画一画。

聪明的小朋友，
你还可以从中发掘出
更多的玩法。

重爪龙

时期：白垩纪早期
体重：2 ~ 4 吨
体长：8 ~ 10 米
食性：肉食

重爪龙前肢有两个大大的爪子，因此而得名。重爪龙的嘴和牙都很像鳄鱼，鼻孔位于吻部高处，因此它们在颌部浸入水中时也可以呼吸，相互交错的牙齿也有利于捕捉滑溜溜的鱼。

火眼金睛

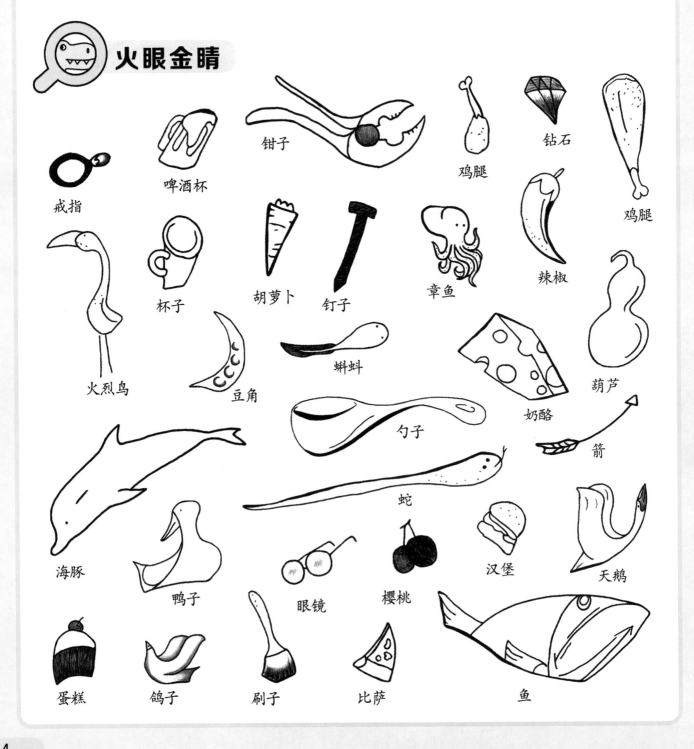

戒指

啤酒杯

钳子

鸡腿

钻石

鸡腿

火烈鸟

杯子

胡萝卜

钉子

章鱼

辣椒

豆角

蝌蚪

奶酪

葫芦

勺子

箭

蛇

海豚

鸭子

眼镜

樱桃

汉堡

天鹅

蛋糕

鸽子

刷子

比萨

鱼

人们在英国发掘出巨大的恐龙钩爪化石,这个有点像螃蟹钳子的爪子长度竟超过了 0.3 米,有成年人的小臂那么长了,这就是重爪龙的钩爪化石。

阿普吐龙

时期：侏罗纪晚期
体重：20 吨
体长：23 米
食性：植食

阿普吐龙又叫迷惑龙，最大的特点是具有又粗又长的脖子和细长的尾巴。人们曾经将迷惑龙与雷龙弄混，现已证明它们是两个不同的品种。

火眼金睛

鱼

骆驼

蜗牛

王冠

钻石

羽毛球

帽子

手套

海豹

燕子

小猪

蜘蛛

图钉

圣诞树

西瓜

甜筒

狐狸

小刀

伞

帆船

鸭子

章鱼

兔子

酒壶

豆角

蜥蜴

篝火

斧子

胡萝卜

章鱼

阿普吐龙比之前发现的任何生物都要大，它身体后半部比肩部高，当它抬起前脚用后脚站立起来的时候，可谓高耸入云。

埃德蒙顿甲龙

时期：白垩纪晚期
体重：4 吨
体长：7 米
食性：植食

小档案

　　埃德蒙顿甲龙的头很小，四肢粗壮，尾巴末端尖细，全身除腹部外都覆盖着一层厚重的钉状和块状甲板。它的嘴巴十分狭窄，很难张大，所以它只能吃一些汁液较多的蕨类植物。

火眼金睛

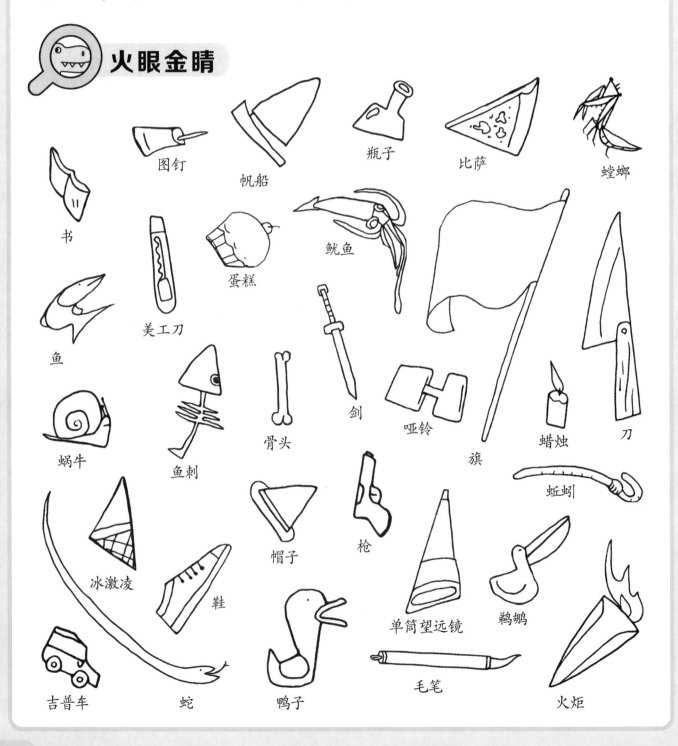

图钉　帆船　瓶子　比萨　螳螂

书　蛋糕　鱿鱼

美工刀　剑　哑铃　蜡烛　刀

鱼　骨头　旗　蚯蚓

蜗牛　鱼刺

冰激凌　帽子　枪　鞋　单筒望远镜　鹈鹕

吉普车　蛇　鸭子　毛笔　火炬

8

埃德蒙顿甲龙的牙齿长在它的嘴巴深处，在进食的时候，它只能先靠嘴巴把树叶叼下，然后再送进嘴巴深处用牙齿嚼烂吞食。

霸王龙

时期：白垩纪晚期
体重：9吨
体长：11.5~14.7米
食性：肉食

霸王龙又叫雷克斯龙，是白垩纪晚期的霸主，它体形硕大，是暴龙科中体形最庞大的，而且身手敏捷，凶狠残暴，所以后来人们都叫它霸王龙。

火眼金睛

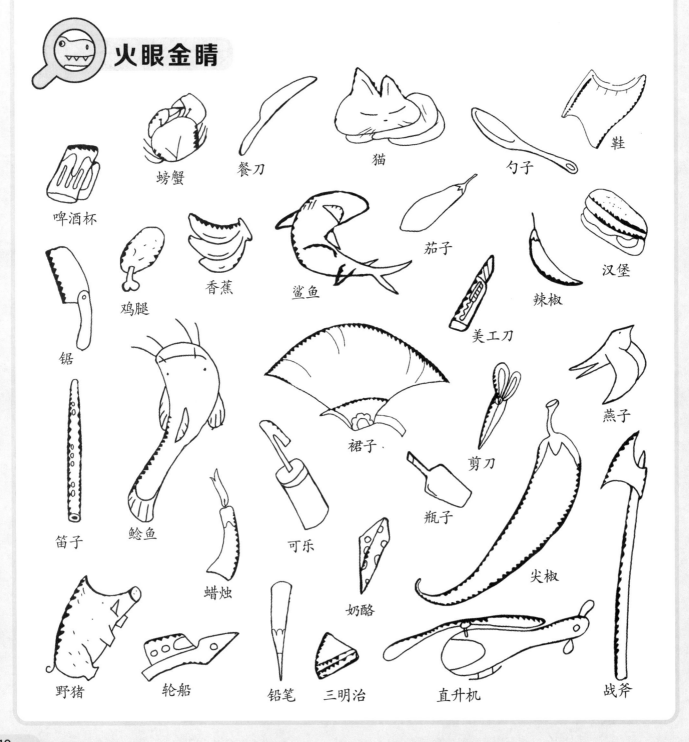

螃蟹　餐刀　猫　勺子　鞋

啤酒杯　茄子　汉堡

鸡腿　香蕉　鲨鱼　辣椒

锯　美工刀　燕子

裙子　剪刀

笛子　鲶鱼　可乐　瓶子

蜡烛　奶酪　尖椒

野猪　轮船　铅笔　三明治　直升机　战斧

霸王龙最开始有三个脚趾，经过漫长的进化，外侧趾退化，前脚的第三根脚趾隐藏在爪子中。所以后期霸王龙看起来只有两个脚趾。

板龙

时期：三叠纪
体重：5吨
体长：6~8米
食性：植食

板龙是地球上最早的巨型恐龙。板龙意为"平板的爬行动物"。板龙平时用四肢爬行去寻觅地上的植物，必要时，可以靠两条强壮的后腿直立起来，寻找更高地方的植物。

火眼金睛

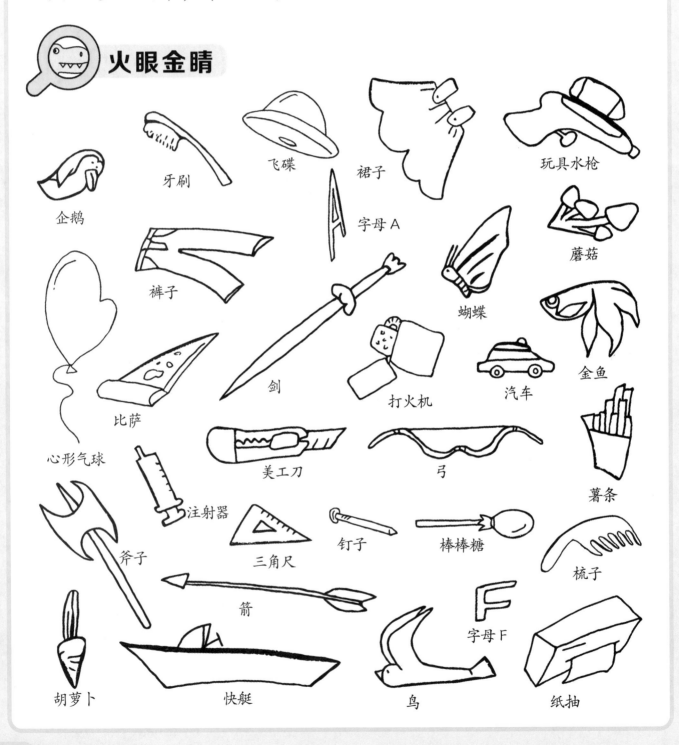

企鹅　牙刷　飞碟　裙子　字母A　玩具水枪

裤子　蘑菇

心形气球　比萨　剑　打火机　汽车　金鱼

美工刀　弓　薯条

注射器　三角尺　钉子　棒棒糖　梳子

斧子　箭　字母F

胡萝卜　快艇　鸟　纸抽

在板龙没出现的时候，最大的植食性恐龙只有一头猪那么大，而板龙则大得多，身长相当于一辆公交车那么长，是三叠纪最大的恐龙。

叉龙

时期：侏罗纪
体重：7 吨
体长：12 米
食性：植食

叉龙是侏罗纪时期生活在非洲的恐龙，是梁龙的远亲。叉龙的脖子比梁龙短，尾巴就像梁龙一样又细又长，可以用来抵御敌人的攻击。

火眼金睛

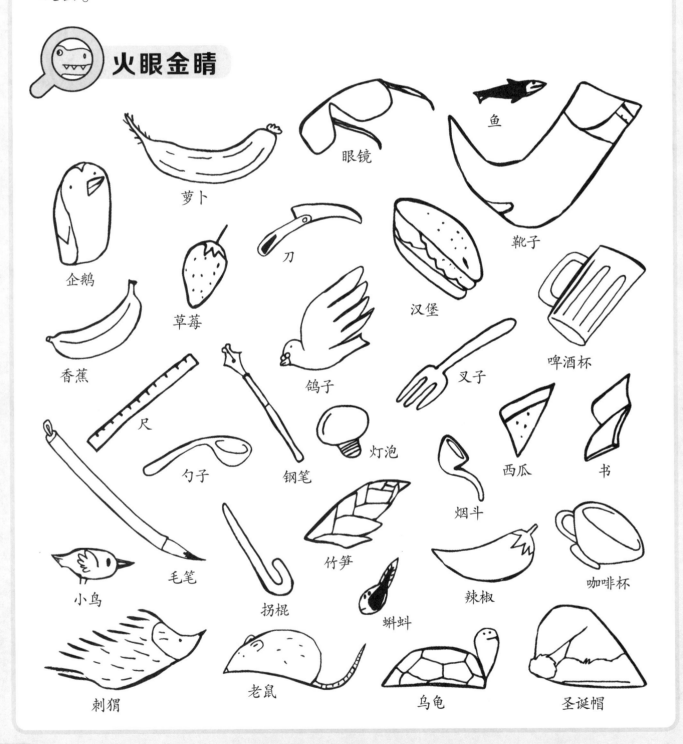

萝卜　眼镜　鱼

企鹅　草莓　刀　汉堡　靴子

香蕉　鸽子　叉子　啤酒杯

尺　勺子　钢笔　灯泡　西瓜　书

毛笔　竹笋　烟斗　咖啡杯

小鸟　拐棍　蝌蚪　辣椒

刺猬　老鼠　乌龟　圣诞帽

叉龙的颈椎背侧的神经棘是"Y"字形，和现在的餐叉很像，它因此而得名。人们在叉龙化石的发现地发现了钉状龙等植食性恐龙的化石，可见它们生活在同一种环境中。

盘足龙

时期：白垩纪
体重：15 ~ 20 吨
体长：约 15 米
食性：植食

小档案

　　盘足龙是白垩纪的蜥脚类恐龙，长着又长又粗的脖子，而且躯干会随着年龄的增长而变得越来越粗。盘足龙在遇到敌人的攻击时只能用前肢去踩踏敌人来自我防卫。

火眼金睛

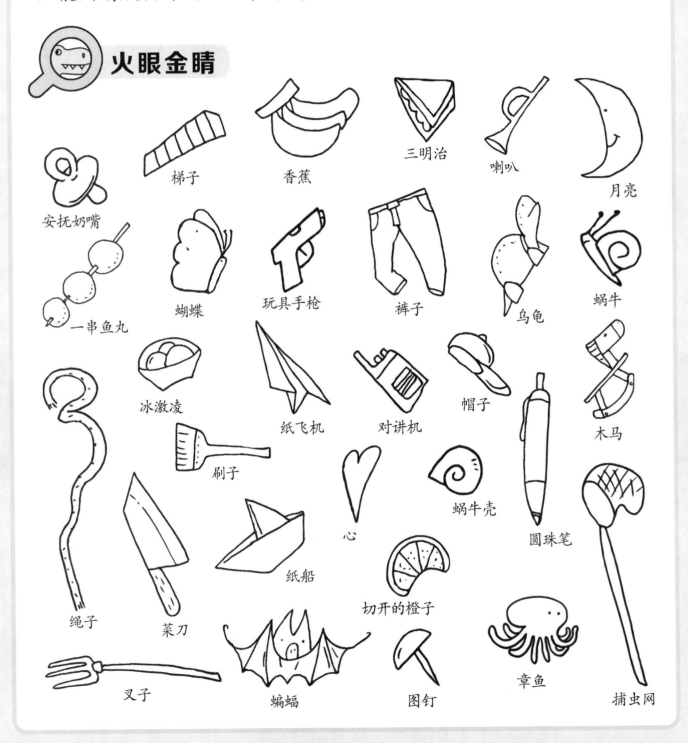

安抚奶嘴　梯子　香蕉　三明治　喇叭　月亮

一串鱼丸　蝴蝶　玩具手枪　裤子　乌龟　蜗牛

冰激凌　纸飞机　对讲机　帽子　木马

绳子　刷子　心　蜗牛壳　圆珠笔

菜刀　纸船　切开的橙子

叉子　蝙蝠　图钉　章鱼　捕虫网

盘足龙由于身体底部较小，脖子伸得太高了就容易站不稳，所以它没办法吃较高处的植物，但是可以采取横向扩大范围的觅食方法。

单眦龙

时期：**侏罗纪晚期**
体重：**不详**
体长：**22 米左右**
食性：**植食**

小档案

单眦龙属于侏罗纪晚期最原始的蜥脚类恐龙，曾经主要生活在北美洲。它和板龙是一个类目的恐龙。和板龙不同的是，它的脖子和尾巴都很长，与梁龙相似。

火眼金睛

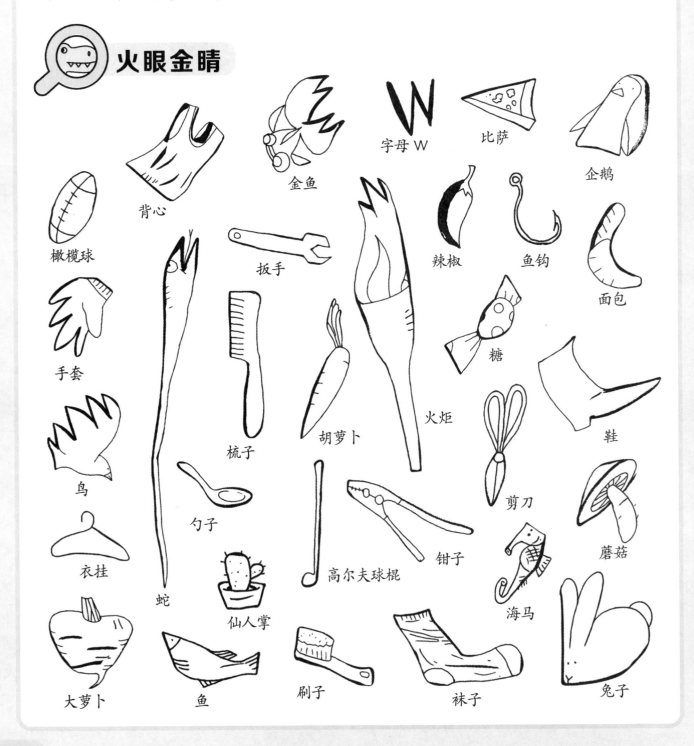

背心　金鱼　字母W　比萨　企鹅

橄榄球　扳手　辣椒　鱼钩　面包

手套　梳子　胡萝卜　火炬　糖　鞋

鸟　勺子　钳子　剪刀　蘑菇

衣挂　蛇　仙人掌　高尔夫球棍　海马

大萝卜　鱼　刷子　袜子　兔子

你知道吗？

单眵龙的尾巴和梁龙很像，尾巴的长度比躯干和颈部加在一起的长度还要长两倍。长长的尾巴像鞭子一样，必要时可以抵御肉食性动物的袭击。

钉状龙

时期：侏罗纪晚期
体重：约3吨
体长：约5米
食性：植食

小档案

钉状龙属于剑龙科，它最大的特点是身上有形状各异的甲板。钉状龙中后部的甲板又尖又细，身体两侧还长着向下的利刺，这都是它用来防御肉食性动物攻击的武器。

火眼金睛

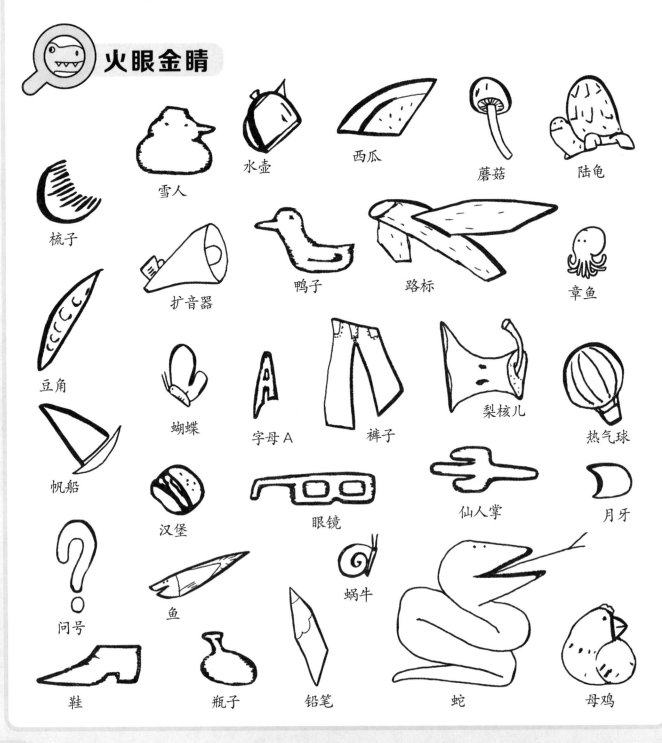

梳子　雪人　水壶　西瓜　蘑菇　陆龟

扩音器　鸭子　路标　章鱼

豆角　蝴蝶　字母A　裤子　梨核儿　热气球

帆船　汉堡　眼镜　仙人掌　月牙

问号　鱼　蜗牛　蛇　母鸡

鞋　瓶子　铅笔

你知道吗？ 钉状龙既没有长长的脖子，也没有修长的腿，所以它只能吃地面上低矮的灌木。钉状龙很聪明，即使是干旱的季节，也有办法找到湿润土壤里的植物。

短冠龙

时期：白垩纪
体重：约4吨
体长：11米
食性：植食

短冠龙生存于7650万年前的北美洲，属于鸭嘴龙类的恐龙。短冠龙有脸颊，还有成百上千颗牙齿，这些牙齿使短冠龙具备很好的咀嚼能力，这在植食性动物中相当少见。

火眼金睛

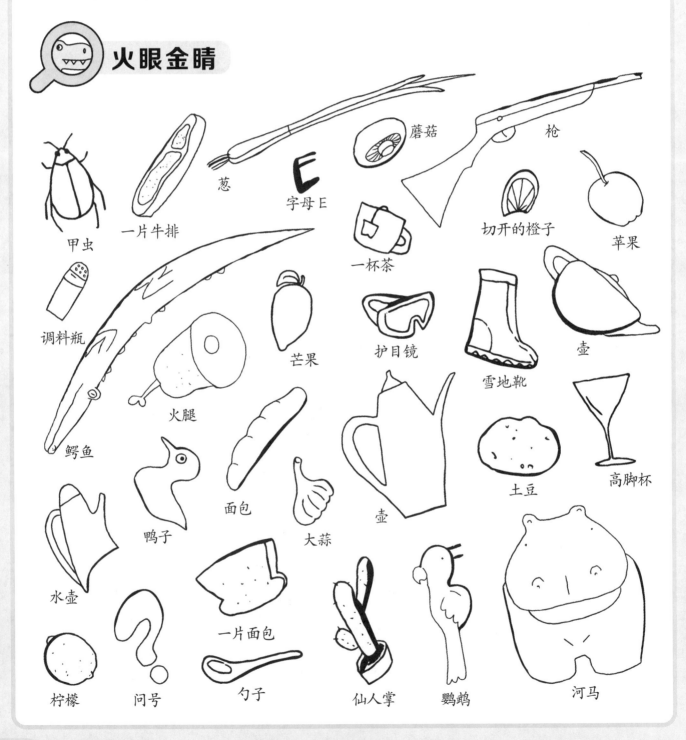

甲虫　一片牛排　葱　字母E　蘑菇　枪

调料瓶　切开的橙子　苹果　一杯茶

鳄鱼　火腿　芒果　护目镜　壶　雪地靴

鸭子　面包　大蒜　壶　土豆　高脚杯

水壶　柠檬　问号　勺子　一片面包　仙人掌　鹦鹉　河马

你知道吗？

2000 年，一位美国医生在北达科他州的荒野石壁上发现了一个被大自然保存完好的短冠龙化石，可以看到恐龙的身体外形、肌肉和器官结构，就像一具恐龙木乃伊。

风神翼龙

时期：**白垩纪晚期**
体重：**0.25 吨**
翼展：**11 ~ 12 米**
食性：**以腐肉为食**

　　风神翼龙不是恐龙，是会飞的爬行动物，属于翼龙类。风神翼龙的体形几乎和一架战斗机一样大，骨骼里有大量气囊结构，因此它的体重比较轻。风神翼龙在地面觅食时可以把翅膀折叠起来。

火眼金睛

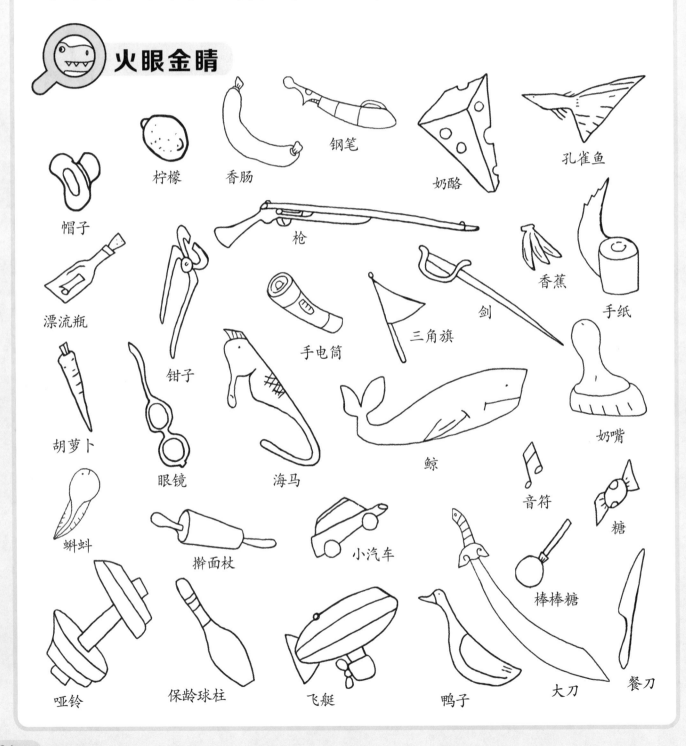

柠檬　香肠　钢笔　奶酪　孔雀鱼

帽子

漂流瓶　枪　香蕉　手纸

钳子　手电筒　三角旗　剑

胡萝卜　眼镜　海马　鲸　奶嘴

音符

蝌蚪　擀面杖　小汽车　糖

哑铃　保龄球柱　飞艇　鸭子　棒棒糖　大刀　餐刀

风神翼龙是目前已知的最大的飞行动物。现在，拥有最大翼展的鸟类是信天翁，它的翼展有3.3米，但只有风神翼龙翼展的1/4大小。

华丽角龙

时期：**白垩纪晚期**
体重：**2.5 吨**
体长：**2.5 米**
食性：**植食**

华丽角龙是白垩纪晚期的恐龙，它的名字是由它的角的特征得来的。华丽角龙的额头上有一个壳皱，壳皱上有超过 10 个角状伸出物，是至今发现的头部"装饰"最多的恐龙。

火眼金睛

草莓　锤子　鲶鱼　香肠　背心　蜗牛　象　象　鸟　捕虫网　老鼠　包　鞋　餐刀　鸟　刷子　甜甜圈　帽子　鱼　猫　蜡烛　雪糕　铅笔　袜子　西瓜　蛇　刷子　泥鳅　鸟　钢笔

华丽角龙头上的角状伸出物有8个是向前弯曲的，其余的角状伸出物是向外弯曲的。华丽角龙不仅角特别，鼻子也很特别，极其扁平，像刀子一样。

棘 龙

　　棘龙生活在白垩纪中期，它的背上有一个约 2 米高的背帆，这个背帆是由一排长棘和中间坚硬的皮肤联结而成的。第一具棘龙化石是 1912 年由德国古生物学家恩斯特·斯特莫在埃及发现的。

火眼金睛

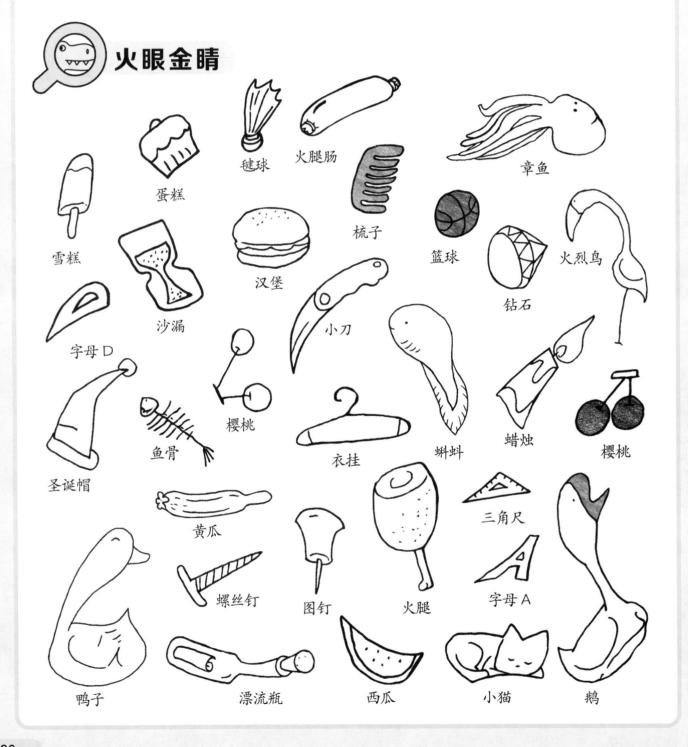

蛋糕　键球　火腿肠　章鱼

雪糕　梳子　篮球　火烈鸟

汉堡　钻石

沙漏　小刀

字母 D　蝌蚪　蜡烛　樱桃

圣诞帽　鱼骨　樱桃　衣挂

黄瓜　三角尺

螺丝钉　图钉　火腿　字母 A

鸭子　漂流瓶　西瓜　小猫　鹅

棘龙的嘴巴狭长，嘴里长满了细小而锋利的牙齿。棘龙的牙齿十分尖锐，每一颗牙都能深深地穿透猎物的肉，它是鱼类的克星。

脊颌翼龙

时 期：三叠纪晚期到白垩纪末期
体 重：不详
翼 展：约6米
食 性：肉食

脊颌翼龙不是恐龙，是会飞的脊椎动物，它的翅膀是由皮肤、肌肉和其他软组织构成的膜。脊颌翼龙的上下颌都长有半圆形的冠，当它把头伸入水中抓鱼时，上下颌的冠可以用来拨开水。

火眼金睛

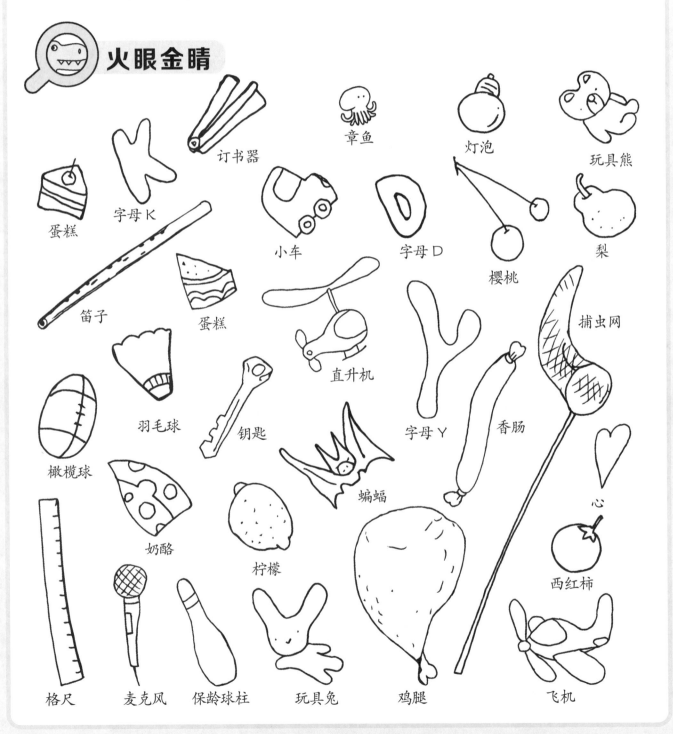

订书器　章鱼　灯泡　玩具熊

蛋糕　字母K　小车　字母D　梨

笛子　蛋糕　直升机　樱桃　捕虫网

羽毛球　钥匙　字母Y　香肠

橄榄球　奶酪　蝙蝠　心

柠檬　西红柿

格尺　麦克风　保龄球柱　玩具兔　鸡腿　飞机

你知道吗？

· 　　发现脊颌翼龙化石的地层，地质年代约是1亿1000万年前。脊颌翼龙被认定为最早出现的大型翼龙类之一，其他的大型翼龙一般都出现在9000万年前。

31

剑龙

时期：**侏罗纪晚期**
体重：**2～4吨**
体长：**7～9米**
食性：**植食**

　　剑龙是侏罗纪晚期生活在北美洲的四足恐龙，它身形巨大，却不爱吃肉。剑龙最有代表性的特征是后背上长满了像剑一样的骨质板，尾巴的尖端还长着长刺。

火眼金睛

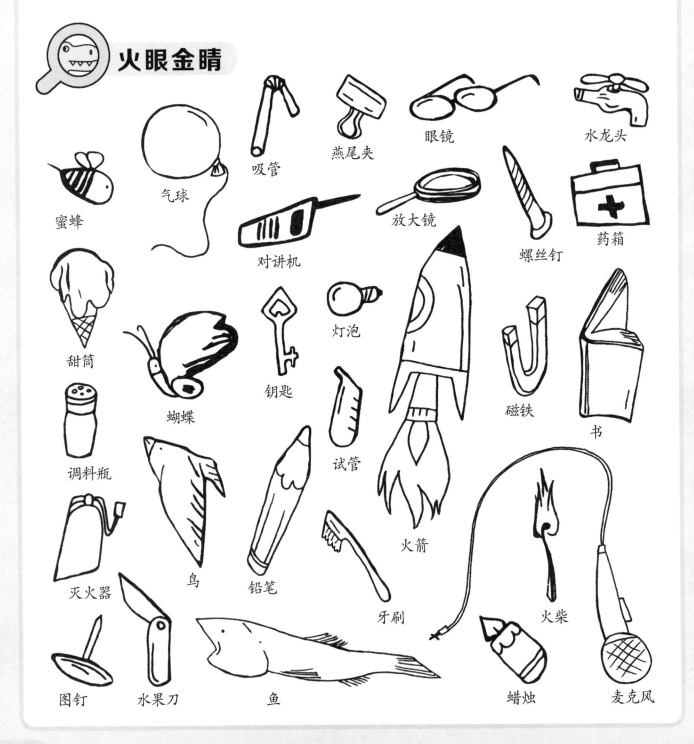

蜜蜂　气球　吸管　燕尾夹　眼镜　水龙头

对讲机　放大镜　螺丝钉　药箱

甜筒　蝴蝶　钥匙　灯泡　磁铁　书

调料瓶　鸟　铅笔　试管　火箭

灭火器　水果刀　牙刷　火柴

图钉　鱼　蜡烛　麦克风

剑龙的骨质板不仅用于防卫，还用于炫耀自己的美丽。骨质板里布满了血管，血管可以使骨质板在颜色上发生变化，而且剑龙的年龄越大，骨质板越华丽动人。

33

盔龙

时期：白垩纪晚期
体重：2.8～4.1 吨
体长：约9米
食性：植食

小档案

盔龙也叫冠龙、盔头龙，意为"头盔蜥蜴"，生活在白垩纪的北美洲，属于鸭嘴龙科。盔龙生性温和，身上没有保护自己抵御外敌的利器，只能靠敏锐的视觉和听觉躲避敌人。

火眼金睛

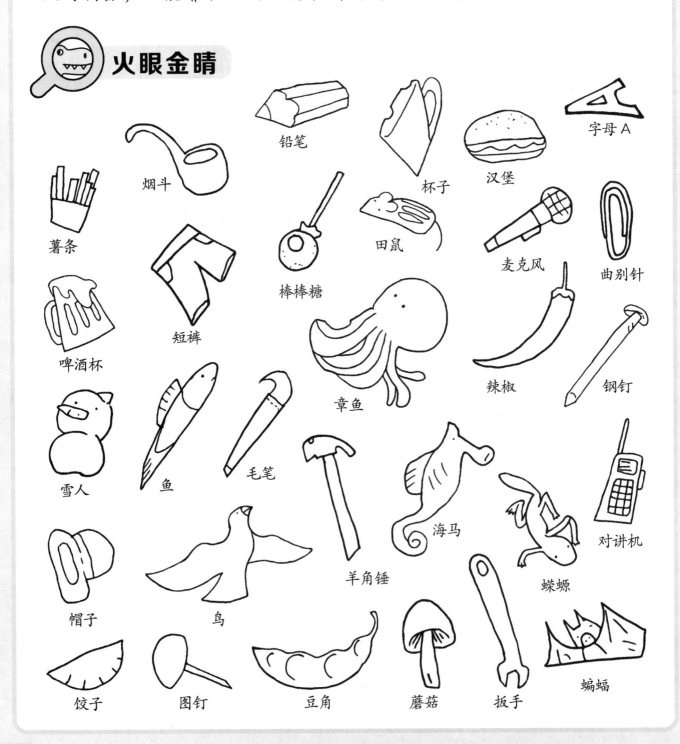

铅笔　烟斗　杯子　汉堡　字母A　薯条　棒棒糖　田鼠　麦克风　曲别针　短裤　章鱼　辣椒　钢钉　啤酒杯　雪人　鱼　毛笔　海马　对讲机　羊角锤　蝾螈　帽子　鸟　饺子　图钉　豆角　蘑菇　扳手　蝙蝠

盔龙最大的特点是头上有大大的头冠, 头冠色彩鲜艳, 似乎是为了吓走敌人, 更有可能是为了吸引异性。

雷龙

时期：侏罗纪晚期
体重：约 15 吨
体长：约 22 米
食性：植食

　　雷龙是侏罗纪晚期的蜥脚类恐龙，它拥有庞大的身体，尽管雷龙的脖子有 15 块颈椎骨，但和腕龙、梁龙比起来，它的脖子就显得短多了。雷龙整个身体一半以上的长度都是尾巴，可达 12 米。

火眼金睛

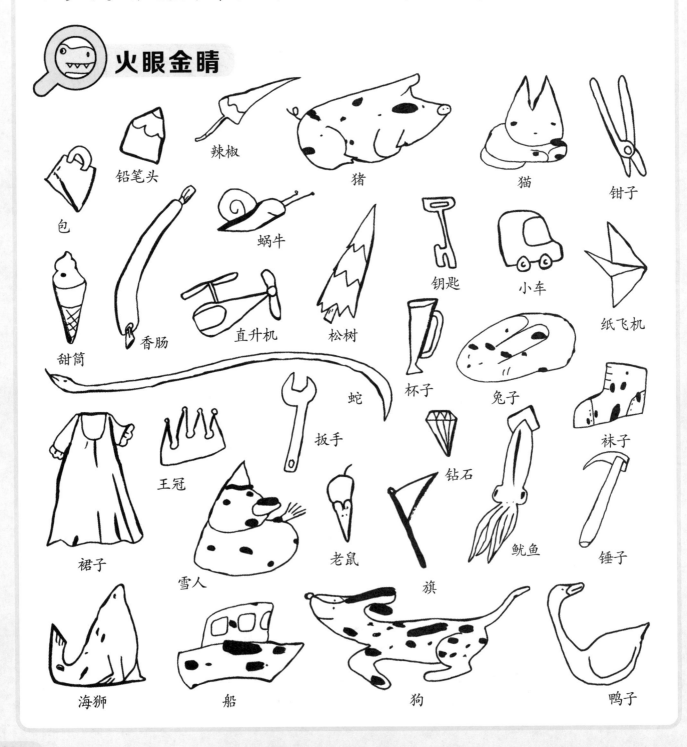

包　铅笔头　辣椒　猪　猫　钳子

蜗牛

甜筒　香肠　直升机　松树　钥匙　小车　纸飞机

蛇　杯子　兔子　袜子

裙子　王冠　扳手　钻石

雪人　老鼠　旗　鱿鱼　锤子

海狮　船　狗　鸭子

雷龙的尾巴是一种强大的武器。当雷龙全力挥动尾巴时,发出的声音相当于一枚炮弹发射时的声响,如果抽打在肉食性恐龙的身上,将对其造成严重的伤害。

三棱龙

时期：三叠纪晚期
体重：不详
体长：约2.5米
食性：植食

小精灵

三棱龙属于三叠纪晚期爬行动物，长得很像蜥蜴，牙齿锋利坚硬，可以咬断各种坚硬的植物。但是三棱龙的上颌骨和下颌骨前部没有牙齿，专家推测它们曾经很可能有角质覆盖的喙状嘴。

火眼金睛

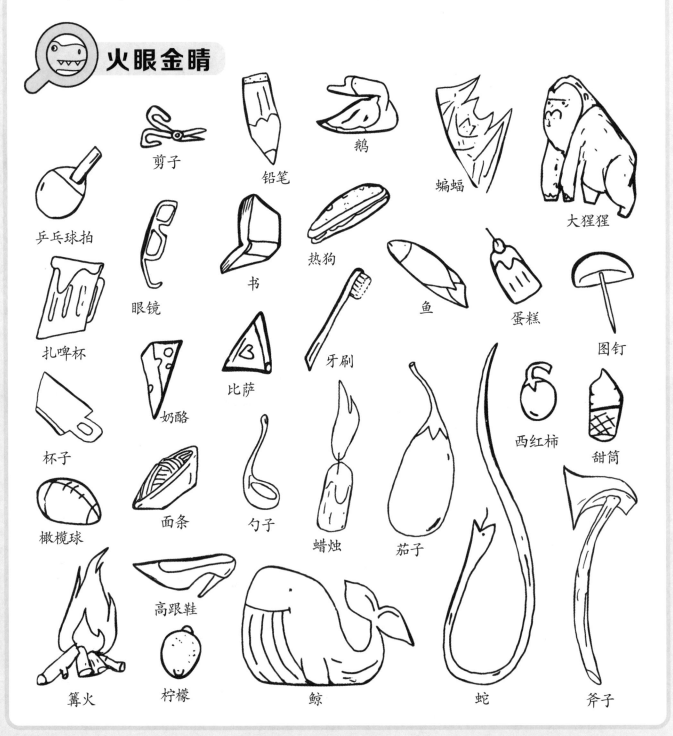

剪子
铅笔
鹅
蝙蝠
大猩猩
乒乓球拍
眼镜
书
热狗
鱼
蛋糕
图钉
扎啤杯
比萨
牙刷
西红柿
奶酪
甜筒
杯子
面条
勺子
蜡烛
茄子
橄榄球
篝火
高跟鞋
柠檬
鲸
蛇
斧子

你知道吗？

　　三棱龙的头骨很小而且很沉，它没有长脖子和高大的身体，只能吃一些低矮的植物。它的体形较小，可以灵活地隐藏在植物茂密的丛林中，躲避肉食性恐龙。

鳄龙

时期： 侏罗纪末期
体重： 不详
体长： 10 米
食性： 肉食

小档案

　　鳄龙体形很像鳄鱼，栖息地和生活方式也与鳄鱼相同。鳄龙以水中的小型鱼类、龟类、软体动物为食，嘴里密布的小而强健的牙齿足以咬碎猎物的壳体。

火眼金睛

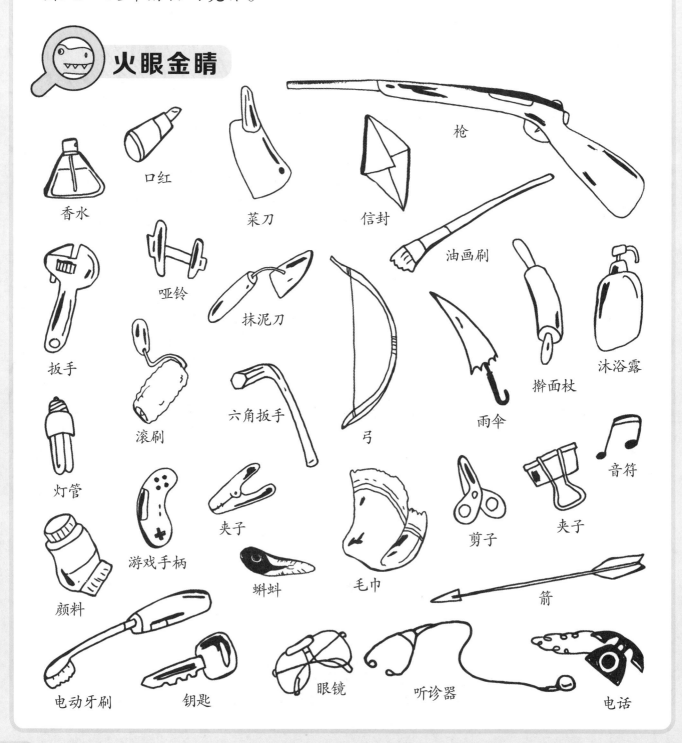

香水　口红　菜刀　信封　枪

扳手　哑铃　抹泥刀　油画刷　擀面杖　沐浴露

灯管　滚刷　六角扳手　弓　雨伞　音符

颜料　游戏手柄　夹子　毛巾　剪子　夹子

蝌蚪　箭

电动牙刷　钥匙　眼镜　听诊器　电话

鳄龙吸引科学家们的主要原因是，它在侏罗纪末期就已出现，成功地将种族延续到了第三纪的始新世早期，在地球上生存了1亿年之久，这不能不说是一个奇迹。

翼 龙

时期：侏罗纪晚期
体重：不详
翼展：14 米
食性：肉食

千万不要把翼龙当成恐龙，它只是与很多恐龙生活在同一时代，是一种会飞的爬行动物。翼龙种类很多，每种翼龙的生活方式和食物各有不同，有的以昆虫为食，有的捕食鱼类或蜥蜴。

火眼金睛

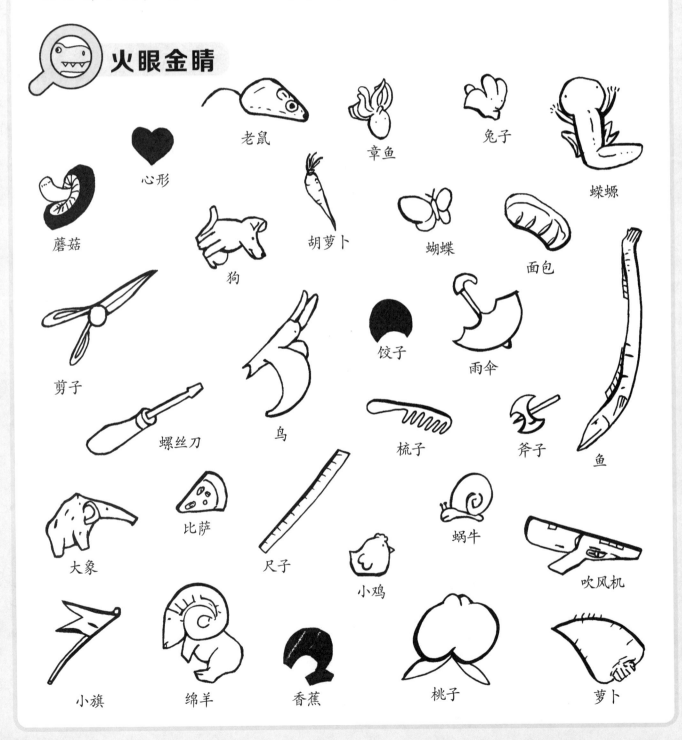

老鼠　　章鱼　　兔子

心形　　　　　　　　　　　蝾螈

蘑菇　　　　胡萝卜　　蝴蝶

狗　　　　　　　　　　面包

剪子　　　　　　饺子　　雨伞

螺丝刀　　鸟　　梳子　　斧子　　鱼

大象　　比萨　　尺子　　　蜗牛

　　　　　　　　　小鸡　　吹风机

小旗　　绵羊　　香蕉　　桃子　　萝卜

最有名的长冠的翼龙是无齿翼龙，它的冠指向后方。无齿翼龙的冠可能是用来在空中掉转方向的。

恐龙们举行大派对，很多小动物都来凑热闹，快去看一看都有谁来了吧。

（　　）只　　　　（　　）只　　　　（　　）只　　　　（　　）只

1. 恐龙家族的成员有（ ）个。

2. 帮小老鼠找到它的天敌，涂上颜色吧。

3. 派对上有好多美食，找找看，看谁找出的多。

答案

4-5

6-7

8-9

10-11

12-13

14-15

16-17

18-19

20-21

22-23

24-25

图书在版编目（CIP）数据

恐龙大搜索. 1 / 墨墨著、绘. -- 长春 ：吉林美术
出版社，2020.9（2021.1重印）
ISBN 978-7-5575-5576-4

Ⅰ. ①恐… Ⅱ. ①墨… Ⅲ. ①恐龙－儿童读物 Ⅳ.
①Q915.864-49

中国版本图书馆CIP数据核字(2020)第112078号

KONGLONG DA SOUSUO 1

恐龙大搜索1

作　者	墨　墨 著/绘
出 版 人	赵国强
责任编辑	王丹平
编　辑	刘　璐
设计制作	车　会　刘立君
开　本	889mm×1194mm　1/16
印　张	3
印　数	5 001—10 000册
字　数	15千字
版　次	2020年9月第1版
印　次	2021年1月第2次印刷
出版发行	吉林美术出版社
地　址	长春市人民大街4646号（邮编：130021）
网　址	www.jlmspress.com
印　刷	吉林省良原印业有限公司
书　号	ISBN 978-7-5575-5576-4
定　价	20.00元